완벽
가이드북

공부 습관 + 교과서 학습법

차 례

공부 쑥쑥!
초1 과목별 학습 전략

이 책의 내용은 저자의 기존 저서 『송재환 선생님의 초등 1학년 부모 가이드』에서 비롯되었음을 밝힙니다.

"선생님, 아이가 공부를 잘하게 하려면 어떻게 해야 하나요?"

학부모들이 교사에게 자주 하는 질문이다. 나는 이 질문에 아이가 좋은 공부 습관을 한두 가지 정도는 가질 수 있게 도와주라고 답한다. 공부를 잘하는 아이들은 하나같이 좋은 공부 습관을 한두 가지씩 갖고 있다. 책을 많이 읽는다든지, 수업에 집중을 잘한다든지, 자기 주도 학습 능력을 갖추고 있다든지 등이다.

공부를 잘하려면 당연히 공부 잘하는 습관을 가져야 한다. 공부 잘하는 습관은 본격적인 공부를 시작하는 초등학교 1학년 때부터 잘 잡아줘야 한다. 습관은 들이기가 힘들어서 그렇지 한번 들이면 그다음부터는 일사천리이다. 아이의 공부 습관을 잡아줄 때 가장 중요한 것은 부모가 방법을 잘 알고 습관이 될 때까지 훈련시켜야 한다는 점이다. 공부 습관을 잡아주는 방법을 몰라서 훈련을 시키지 못하는 부모가 있는 반면, 방법은 잘 알지만 지속력이 부족해서 결국 중도하차하는 부모도 있다.

언젠가 6학년을 가르칠 때 수학을 참 잘하는 남자아이가 있었다. 그 아이에게 어쩌면 그렇게 수학을 잘하게 되었냐고 물어보니 이런 대답이 돌아왔다.

"1학년 때부터 꾸준히 수학 문제집을 풀었어요. 그랬더니 어느 순간부터 수학 문제집을 푸는 게 습관이 되어서 이제는 안 풀면 굉장히 이상해요."

공부 습관이란 이런 것이다. 하나의 원칙을 정하고 지속적으로 실천할 때 결국 좋은 결과로 나타나는 것이다.

1부

기본 튼튼!
공부 습관
들이는 법

책상에 똑바로 앉는다

초등학교의 수업 시간은 40분이다. 40분 동안 좋든 싫든 자기 자리에 앉아 있어야 한다. 유치원 때까지만 해도 자유롭게 돌아다니며 바닥에 앉는 것이 익숙했던 아이들에게 40분 동안 책상에 앉아 있기란 보통 힘든 일이 아니다. 몸을 계속 움직이고 참다못해 일어서서 돌아다니고 심지어 바닥에 누워버리는 아이도 있다. 당연히 교사 입장에서는 이런 아이들을 그냥 놔둘 수 없다. 바른 자세로 앉으라고 말하지만 잘되지 않는 경우가 많고, 이런 일이 반복되다 보면 교사와의 관계마저 틀어질 수 있다.

3학년 중에도 수업 시간 40분 동안 돌아다니지 않고 잘 앉아 있지 못하는 아이가 많다. 하지만 이런 아이들 중에 학업 성취도가 높은 아이는 거의 드물다.

시작이 중요하다

너무 이른 나이부터 책상에 앉혀 공부를 시키면 곤란하다. 바른 자세로 앉으려면 척추가 발달돼야 하는데 어린아이들은 그러지 못해서 꼿꼿하게 앉아 있기가 힘들다. 앉아 있을 힘이 없는 아이를 부모가 강압적으로 앉히면 당연히 자세가 비뚤어지게 된다. 잠시도 가만있지 않고 몸을 비비 꼬거나 엎드리는 식이다. 이렇게 처음부터 무리해서 책상에 앉게 된 아이들은 이후에도 바른 자세로 책상에 앉기가 어렵다. 책상에 앉는 것은 아이의 성장 발달 상황을 살펴보면서 시작하되, 너무 일찍 하지 않는다.

그리고 처음부터 책상에 앉아서 책을 읽게 하거나 공부를 하게 하면 곤란하다. 그보다는 책상에 앉아서 퍼즐 맞추기나 블록 놀이 등 아이가 좋아하는 활동을 하게 하는 방법이 좋다.

구부정한 자세 30분보다 바른 자세 10분이 낫다

두 발은 가지런히 모으고, 허리는 꼿꼿하게 세우며, 엉덩이는 의자에 최대한 밀착시키고, 두 손을 책상 위에 올린 바른 자세로 책도 읽고 글씨도 써야 한다. 무엇보다 허리를 꼿꼿하게 세워야 머리로 가는 혈액의 흐름이 좋아져 두뇌 활동도 왕성해진다.

바닥을 자유롭게 굴러다니면서 생활하다가 책상에 바른 자세로 앉기란 쉽지 않다. 처음에는 굉장히 답답해하지만 10분 앉아 있기부터 조금씩 실천하다 보면 어느새 40분 앉아 있기도 가능해진다. 책상에 앉아 있는 연습을 할 때 가장 중요한 것은 바른 자세를 유지하는 일이다. 바른 자세로 10분 앉아 있을 수 있는 아이에게 30분을 앉아 있으라고 하면 10분 후에는 당연히 자세가 구부정하게 변할 수밖에 없다.

02

책읽기 습관을 기른다

아이들을 획기적으로 바꿀 수 있는 최고의 핵심 습관을 꼽으라면 '책 읽기 습관'을 꼽고 싶다. 공부도 결국 습관의 결과물이다. 공부를 잘 하게 만드는 습관이 있는가 하면, 공부를 방해하는 습관도 있다. 예습 복습 습관, 자기 주도 학습 습관, 질문 습관 등과 같이 공부를 잘하게 만드는 습관은 다양하다. 하지만 책읽기 습관만큼 공부에 크고 확실 하게 영향을 끼치는 습관은 아직까지 보지 못했다.

▌ 읽기 독립을 해야 하는 시기

초등학교 입학하기 전에 읽기 독립이 이루어진 아이와 그렇지 않은 아이는 상당히 차이가 난다. 아이가 학교에 들어가면 교과서로 공부를 하는데, 요즘 교과서의 두께는 보통 200쪽 이상이다. 읽기 독립이 이루어지지 않은 아이가 이런 교과서를 접하면 더욱 주눅이 들기 쉽다. 그리고 교사들이 여유 시간이 날 때마다 가장 많이 시키는 활동 가운데 하나가 바로 책읽기이다. 이때 읽기 독립이 안 된 아이들은 시간을 그냥 흘려보낼 수밖에 없다. 그러면서 읽기 독립을 한 아이와 그렇지 않은 아이의 격차가 점점 더 벌어진다. 자녀가 초등학교 입학을 앞두고 있거나 1학년이라면 다른 무엇보다 자녀의 읽기 독립 여부를 따져야 하는 까닭이다.

▌ 다양한 분야의 책을 읽힌다

초등 1학년은 어떤 분야로든지 발전 가능성이 무궁무진하다. 자기의 관심 분야를 찾기 위해서는 다양한 분야의 책읽기가 가장 중요하다. 특별히 관심 분야가 생겨 아이 스스로 책을 찾아서 읽기 전까지는 다양한 장르의, 다양한 작가가 쓴 책을 읽히는 것이 좋다. 편향된 책읽기는 부모의 영향을 많이 받는다. 아이가 어릴수록 이런 점을 감안해 부모는 자녀에게 자신의 취향을 강요하지 않도록 노력해야 한다. 아이 안에 어떠한 가능성의 싹이 자라는지 부모도 잘 알지 못할 때가 많다는 사실을 인정해야 한다.

▌가족 독서 시간을 만든다

책읽기 습관이 아이의 몸에 완전히 밸 때까지는 모든 가족이 한자리에 모여 함께 책 읽는 시간을 가지면 좋다. 아이가 어릴 때부터 이런 시간을 꾸준히 가지면 책읽기는 가족의 오랜 전통이 되어 아이가 성장한 후에도 쉽게 지속할 수 있다.

　가족 독서 시간은 너무 욕심을 부리면 안 된다. 하루에 단 10분이라도 매일매일 일정 시간을 가족 독서 시간으로 만드는 게 좋다. 시간적 여유가 있는 주말에는 하루 30분 정도를 가족 독서 시간으로 삼는다. 아이의 집중력이나 가족의 처지와 형편에 따라 시간은 융통성 있게 조절하면 된다. 그리고 가족 독서 시간은 모든 활동을 중단하고 지정된 장소에 모여 실시하는 것이 좋다. 책은 각자 좋아하는 책을 읽는 것이 일반적이지만, 일주일에 하루 정도는 같은 책을 읽으면서 서로 대화를 해보는 것도 가족 모두에게 도움이 된다. 마지막으로 가족 독서 시간을 마칠 때는 바로 끝을 내기보다는 읽은 책에 대해 한마디씩 하는 간단한 북 토크를 하면 좋다. 읽은 책을 소개하거나 소감이나 내용 등을 간략하게 말하는 것이다. 이때 아이가 부담스러워한다면 부모만 하면 된다. 그러면 언젠가 아이도 자연스럽게 참여할 것이다.

▌ 소리 내어 읽기

초등학생들이 책읽기에 가장 흥미롭게 접근할 수 있는 방법이 무엇이냐고 묻는다면 나는 '책 읽어주기'라고 말하고 싶다. 저학년 아이들은 말할 필요도 없고, 고학년 아이들도 책을 읽어주면 정말 좋아한다. 만약 아직까지도 아이가 책읽기를 즐기지 않는다면 부모는 책 읽어주기부터 실천할 일이다. 책을 읽어주면 아이의 듣기 능력이 향상될 뿐만 아니라 수준이 높은 책까지 이해할 수 있으며 부모와의 좋은 유대감 형성에 탁월한 효과가 있다.

그리고 아이가 책을 읽을 때 눈으로만 읽게 하지 말고 소리 내어 읽게 하는 편이 좋다. 소리 내어 읽기는 오감을 총동원해 온몸으로 책을 읽는 것이다. 입으로 읽고, 귀로 듣고, 눈으로 보고, 손으로 느끼고, 코로 책 냄새를 맡고, 머리로 기억한다. 따라서 그 어떤 책읽기 방법보다 학습 효과가 크다. 특히 이제 글을 깨우치는 유치원생들이나 초등학교 저학년 아이들에게는 더욱 그렇다.

소리 내어 읽기를 하면 집중력도 발달한다. 그뿐만 아니라 정확한 발음, 발음의 강약, 끊어 읽기, 감정을 이입해 실감나게 읽기 등을 좋게 해 읽기 능력을 획기적으로 향상시킬 수 있다.

하루 10분 정도 매일 큰 소리로 읽기도 실천하면 좋다. 평소 즐겨 읽는 동화책이나 국어 교과서 등을 읽으면 좋다. 큰 소리로 읽을 때 녹음을 해서 들어보는 방법도 추천할 만하다.

▎ 도서관과 친해지기

학교 도서관을 참새가 방앗간 들르듯 매일 들르는 아이들이 있다. 물론 대부분은 책이 좋아서 방문하지만, 개중에는 도서관 사서가 좋아서 방문하는 아이들도 있다.

부모로서 학교를 방문하게 된다면 담임교사만 만나지 말고 도서관 사서도 만나보자. 그래서 도서관 사서와 안면을 트고 자녀의 독서 상담을 해보자. 부모가 쏟는 관심만큼 사서도 역시 자연스럽게 아이에 대해 관심을 갖고 지켜볼 것이다. 어찌 보면 사서가 담임교사보다 아이의 정신세계에 더 큰 영향을 끼칠 수 있다.

03

글씨를 바르게 쓴다

동양에서는 고대부터 글씨를 신언서판身言書判 중 하나로 여겨 사람의 됨됨이를 평가하는 중요한 기준으로 삼아왔다. 신언서판은 중국 당나라 때 관리를 선출하던 네 가지 표준으로, 신身은 풍채와 용모가 반듯한 것, 언言은 말이 정직하고 언변이 좋은 것, 서書는 글씨를 잘 쓰는 것, 판判은 사물의 이치를 깨달아 판단력이 뛰어난 것을 의미한다.

예부터 인재를 판단하는 기준이었을 만큼 중시되던 글씨는 현재 완전히 찬밥 신세로 전락했다. 초등 1학년 아이들조차도 글씨를 쓰라고 하면 매우 귀찮게 생각해 흘려서 쓰기 일쑤다. 글씨체는 한번 굳어지면 평생 변하기 어렵다. 그렇기 때문에 본격적으로 글씨를 쓰기 시

작하는 초등 1학년 때 제대로 배우고 연습해 평생 경쟁력 있는 자랑
거리로 만들 필요가 있다.

▌글씨가 흐트러지는 원인

우선 글씨가 흐트러지는 원인으로는 조기 교육이 있다. 요즘은 제대
로 연필을 잡는 아이들을 찾아보기가 꽤 힘들다. 연필을 검지와 중지
사이에 끼운 아이부터 중지와 약지 사이에 끼운 아이까지 이상한 모
습으로 글씨를 쓰는 아이들이 정말 많다. 너무 일찍 연필을 잡고 글씨
를 썼기 때문이다. 연필은 손의 조작 능력과 악력이 어느 정도 생긴
다음에 잡는 것이 좋은데, 만 5, 6세 이후가 적기다. 그런데 많은 부모
들이 이보다 더 이른 나이부터 한글 쓰기 연습을 시킨다면서 아이 손
에 연필을 쥐여준다. 아이는 어쩔 수 없이 연필을 잡긴 하지만 똑바로
잡을 수가 없다. 그러다 억지로 이상한 손 모양을 만들어 연필을 잡
고, 이것이 굳어져 나중에 고치기 힘들어지는 것이다.

　글씨가 흐트러지는 또 다른 이유는 관찰력 때문이다. 글씨 쓰기는
단순한 손기술의 문제가 아니다. 글씨를 보기 좋게 쓰기 위해서는 각
글자마다 자형을 면밀히 살펴 그 특징을 잘 잡아야 한다. 그런데 글씨
를 못 쓰는 아이들은 세심한 관찰력이 부족해 글씨를 날려 쓰기 일쑤
다. 띄어쓰기는 완전히 무시하고 띄어쓰기 간격도 제각각인 경우가

다반사다. 그뿐만 아니라 느낌표(!), 물음표(?), 마침표(.) 등 문장 부호를 빼먹는 경우도 많다.

마지막으로 소근육 발달의 문제가 있다. 글씨 쓰기는 소근육을 발달시킬 수 있는 가장 대표적인 조작 활동이다. 뇌를 연구하는 학자들은 글씨를 쓰면 손가락을 많이 움직이게 되고, 이 움직임이 미세 신경을 자극해 균형 감각과 운동 중추를 발달시킨다고 이야기한다. 다시 말해 글씨가 흐트러진다는 것은 소근육이 발달하지 않았다는 사실의 방증이기도 하다. 그렇기 때문에 소근육을 발달시킬 수 있는 조작 활동, 즉 칼질이나 가위질하기, 꼼꼼하게 색칠하기, 똑바로 선긋기, 젓가락질과 같은 활동을 많이 하게 해 소근육을 발달시킬 필요가 있다.

● 글씨를 바르게 쓰는 방법

① 자세를 바르게 한다

바른 글씨 쓰기는 바른 자세부터 시작해야 한다. 바른 자세에서 바른 글씨가 나오기 때문이다. 허리를 곧게 펴고 엉덩이를 의자에 붙이고 앉아 두 손을 모두 책상에 올려놓는다. 흔히 직접 글씨를 쓰는 손만 중요하다고 생각하는데 그렇지 않다. 오히려 글씨를 쓰지 않는 손이 더욱 제 역할을 해줘야 한다. 글씨를 쓰지 않는 손으로 공책을 살며시 눌러 지지해야 바른 글씨를 쓸 수 있다. 글씨 쓰기 바른 자세 관련하여 『연필 도둑 한명필』(천개의 바람) 동화를 추천한다. 아이가 동화를 읽으면서 자연스럽게 글쓰기 자세에 대해 배울 수 있다.

② 반드시 연필로 쓴다

가끔 1학년 아이들 중에서도 볼펜이나 샤프로 글씨를 쓰는 경우가 있다. 볼펜이나 샤프는 연필보다 훨씬 적은 힘으로 글씨를 쓸 수 있고, 매번 깎을 필요가 없다는 편리함에 아이들이 좋아한다. 하지만 볼펜이나 샤프는 저학년 아이들이 글씨를 쓰기에 적당한 도구가 아니다. 크게 힘을 주지 않고도 글씨를 쓸 수 있기 때문에 글씨체를 망가뜨릴 수 있다. 조금 번거롭더라도 초등학교 중학년 때까지는 연필을 사용하는 것이 아이의 글씨를 위해서 바람직하다.

③ 연필을 제대로 잡는다

바른 글씨를 쓰기 위해 앉는 자세만큼이나 중요한 것이 연필을 제대로 잡는 것이다. 엄지와 검지를 서로 맞닿게 한 다음 연필을 그 사이에 두고 단단히 고정시켜 중지 맨 끝마디에 올려놓으면 된다. 만약 아이가 제대로 연필을 잡지 못하면 문구점에서 연필에 끼워 쓰는 삼각 홀더를 구입해 손 모양이 교정될 때까지 활용하면 좋다.

④ 네모 칸 공책을 활용한다

글씨가 많이 흐트러진 아이들은 가급적 네모 칸 공책에 글씨를 쓰게 한다. 네모 칸 공책 중에서도 보조선이 그어진 공책이 조금 더 도움이 된다. 잘 쓴 글씨를 보여준 다음, 그 글씨를 그대로 베껴 쓰는 방식으로 하루에 30분 정도씩 연습하면 한두 달 후에는 분명히 글씨가 나아진다.

⑤ 글자의 모양을 생각하면서 쓴다

한글은 글자마다 모양이 있다. 이를 테면 아, 야, 어, 여 같은 글자는 ◁ 모양, 을, 를 같은 글자는 □ 모양, 오, 요 등은 △ 모양, 우, 유 등은 ◇ 모양을 닮았다. 글자의 모양에 따라 글씨를 쓰는 방법이나 특징이 각각 다르며, 글씨를 예쁘게 쓰고 싶다면 글자의 모양을 잘 살려서 쓰면 된다. 1학년에는 『국어활동』이라는 교과서가 있는데, 여기에는 실제로 글씨 쓰기 연습을 할 수 있는 페이지가 있다. 이를 잘 활용하면 글씨 쓰기 연습을 보다 효율적으로 할 수 있다.

04

발표력을 키운다

학부모 공개 수업, 수업이 끝나자마자 한 엄마가 오더니 이렇게 말했다.

"선생님, 앞으로 수업 시간에 우리 아이 발표 좀 되도록 많이 시켜 주세요."

"오늘 발표 많이 하지 않았나요?"

"딱 3번 하더라고요. 손은 10번도 더 들었는데……."

엄마는 수업 내내 자녀가 손을 몇 번 들고 발표를 몇 번 하는지 세고 있었던 것이다. 사실 이 엄마의 모습은 대부분 엄마들의 모습이기도 하다. 부모들은 수업 내용과는 관계없이 그저 내 아이가 발표를 많이 하면 좋은 수업이고 잘한 수업이라고 생각한다. 그리고 수업 내용이 아무리 훌륭해도 내 아이가 입을 꾹 다물고 있었다면 영 별로인 수업이라고 생각한다. 부모들이 면담에 오면 꼭 하는 말이 있다.

"선생님, 우리 아이가 발표는 잘하나요?"

적극적으로 발표를 잘한다고 하면 흐뭇한 미소가 입가에 번지지만, 그렇지 않다고 하면 이내 입꼬리가 축 처지곤 한다.

▎발표를 잘하면 인정받는 아이가 된다

발표의 가치는 적극적인 성격, 자신감, 말하기 능력 등에서 찾아볼 수 있다. 그중에서도 발표의 진정한 가치는 수업 집중력의 척도가 된다는 데 있다. 1학년 아이들 중 몇몇은 수업과는 전혀 상관없는 내용을 발표하기도 한다. 심지어 어떤 아이들은 발표한다고 손을 들어놓고는 짝꿍에게 묻는다.

"야, 선생님이 뭐래?"

질문이 무엇인지도 모르면서 친구들이 손을 드니까 그냥 따라서 드는 것이다. 당연히 제대로 된 발표를 할 리 만무하다. 발표는 교사의 물음에 맞는 답이나 생각을 정리해 말하는 것을 의미한다. 그렇기 때문에 발표를 잘하려면 그 무엇보다도 교사의 말에 귀를 기울여야 한다.

발표를 잘하면 여러 가지 좋은 점이 있다. 그중 가장 첫 번째는 교사한테 인정을 받는다는 것이다. 교사 입장에서는 적극적으로 발표하는 아이가 그렇게 고마울 수 없다. 질문을 했는데 아무도 발표하지 않으면 수업의 흐름이 막힐 뿐만 아니라 힘까지 빠진다. 그런데 이때 단한 명이라도 적극적으로 발표하면 수업의 흐름이 자연스러워지고 신이 나게 된다.

두 번째는 친구들한테도 인정을 받는다는 것이다. 수업 시간에 발표를 자주 하고 그 내용까지 수준이 있다면 친구들로부터 '똑똑한 아이', '발표 잘하는 아이', '공부 잘하는 아이'로 인정을 받는다. 또래 평가는 고학년이 될수록 점점 중요해지며, 긍정적인 공부 정체감을 형성하는 데 결정적인 영향을 끼친다.

발표 잘하는 아이가 되는 방법

● 큰 소리로 책을 읽게 한다

발표를 잘하려면 우선 목소리가 트여야 한다. 그리고 발음 또한 정확해야 한다. 이를 함양하는 가장 좋은 방법은 큰 소리로 책읽기다. 책을 읽을 때는 정확한 방법으로 또박또박 읽게 하며 대화 글은 감정까지 살려서 읽게 하면 좋다.

● 말할 기회를 자주 준다

발표의 기본은 일상적인 말하기다. 그렇기 때문에 일상생활 속에서 말할 기회를 자주 주면 좋다. 예를 들면 책을 읽고 느낌을 말한다든지, 영화를 보고 감상을 나눈다든지, 뉴스나 신문을 보고 의견을 이야기한다든지 등이다. 특히 수줍음이 많은 아이에게는 이를 극복할 수 있는 기회부터 만들어줘야 한다. 이웃집에 심부름 가기, 간단한 물건 사 오기, 친척에게 안부 전화하기 등 약간의 용기가 필요한 기회를 자주 접하게 해주면 좋다.

● 듣기 훈련을 시킨다

발표를 잘하려면 듣기가 밑바탕이 되어야 한다. 일상생활에서 듣기 훈련을 해야 발표를 잘하는 아이가 될 수 있다. 듣는 태도에서 가장 중요한 것은 상대의 눈을 바라보는 것이다. 상대가 말할 때 경청하며 바라보는 행동은 상대에 대한 최대의 배려라고 할 수 있다. 평소 아이에게 이런 점을 강조하고 상대를 바라보면서 말하고 듣는 습관을 길러주면 좋다.

● 자신감을 길러준다

발표를 잘하지 못하는 아이들 중에는 자신감이 없는 경우가 많다. 아이가 자신감을 잃어버리게 된 원인은 굉장히 다양하다. 양육 태도가 너무 엄격한 부모 아래서 자란 아이들은 대체로 자신감이 부족하다. 그리고 자신의 의견을 자유롭게 말할 수 없고, 말했더라도 의견을 수용해주지 않는 분위기의 가정에서 자란 아이들도 자신감이 떨어진다. 부모의 칭찬과 격려가 인색한 경우에도 아이들의 자신감은 하락한다. 아이가 자신감이 없어서 발표를 못한다면 그 원인을 살펴보는 것이 무엇보다 중요하다.

● 배경지식을 쌓을 수 있게 도와준다

수업 내용과 관련된 배경지식이 있는 아이와 없는 아이는 발표의 수준이 다를 수밖에 없다. 수준 높은 발표를 하기 위해서는 반드시 배경지식이 필요하다. 배경지식을 쌓는 가장 좋은 방법은 교과 내용과 관련된 책을 많이 읽게 하는 것이다. 또는 견학이나 현장 학습을 다녀오는 것도 좋다. 모든 방법이 여의치 않다면 교과서를 미리 읽어보는 수준의 예습만으로도 배경지식을 쌓는 데 어느 정도 도움이 된다.

05

받아쓰기 잘 대처하기

평소 받아쓰기를 어려워하던 1학년 남자아이가 와서 묻는다.

"선생님, 받아쓰기보다 더 어려운 시험도 있어요?"

"그럼."

"정말요? 거짓말이죠? 어떻게 받아쓰기보다 어려운 시험이 세상에 있죠?"

비단 이 아이뿐만이 아니다. 대부분의 1학년 아이들에게 받아쓰기는 '어쩔 수 없는 벽'과 같은 존재다. 세상에 태어나서 처음으로 보는 시험이요, 처음으로 인생의 쓴맛을 느끼게 하는 것이기 때문이다.

▌ 받아쓰기는 공부 정체성에 영향을 끼친다

초등학교에 입학하자마자 부모와 아이가 가장 신경 쓰고 스트레스에 시달리는 것이 바로 받아쓰기이다. 하지만 정작 받아쓰기가 왜 중요한지에 대해서는 간과하기 쉽다. 받아쓰기가 초등 1학년 아이들에게 중요한 이유는 무엇일까? 받아쓰기가 '공부 정체성'을 형성하는 데 결정적인 기여를 하기 때문이다.

공부는 지능 지수가 높다고 잘할 수 있는 것이 아니다. 공부를 잘하려면 아는 힘인 지력智力과 마음의 힘인 심력心力, 그리고 몸의 힘인 체력體力이 조화를 이뤄야 한다. 그뿐만 아니라 자기 조절 능력과 인간관계 능력도 공부에 지대한 영향을 끼친다. 이것들 중 한두 가지만 결핍되어도 공부를 제대로 할 수 없다. 특히 공부는 심리적인 측면의 영향을 크게 받는데, 그중에서도 자기 스스로 공부를 잘한다고 생각하는지 아니면 못한다고 생각하는지가 매우 중요하다. 자기 스스로 공부를 잘한다고 혹은 못한다고 생각하는 것을 '공부 정체성'이라고 한다.

공부 정체성은 어릴 때는 없다가 초등학교에 입학하고 나서부터 점차 생기기 시작한다. 갓 1학년이 된 아이들은 받아쓰기 시험을 봐

26

도 결과에 무감각하다. 50점을 받아도 부끄러운 줄 모르고 친구들한테 자랑하고 다니기 바쁘다. 하지만 시험이 계속될수록 아이들은 시나브로 점수에 집착한다. 1학년 2학기만 돼도 시험 결과를 대하는 아이들의 태도가 확연히 달라진다. 채점이 미처 끝나지도 않았는데 시험지를 언제 나눠주느냐며 담임 선생님을 채근하는 일이 잦아진다. 시험 결과를 알려주면 여기저기서 "100점이다!"라는 함성이 들리기도 한다. 반면 "난 엄마한테 죽었다……"와 같은 탄식이 흘러나오기도 한다. 좋은 점수를 받지 못한 아이들 중 일부는 울음을 터뜨리기도 한다. 이런 과정을 거치면서 아이는 점점 공부 정체성을 형성해나간다. 공부 정체감은 2, 3학년을 거치면서 굳어지고, 4학년 정도가 되면 특별한 계기를 맞이하지 않는 한 부서지지 않을 만큼 견고해진다.

공부를 잘하는 데는 심리적인 요소가 많은 부분을 차지한다. 그중에서도 공부 정체성은 특히 비중이 높다. 받아쓰기는 1학년 아이들의 공부 정체성 형성에 큰 기여를 한다. 그러므로 1학년 때부터 받아쓰기에 대한 지혜로운 관리 및 대처가 필요하다.

▌받아쓰기로 학교생활을 가늠해볼 수 있다

많은 부모가 받아쓰기 시험을 한글을 얼마나 완벽하게 깨쳤는지 평가하는 도구 정도로만 생각하는 경향이 있다. 하지만 받아쓰기는 그렇게 단순한 시험이 아니다. 받아쓰기는 학교생활의 많은 부분을 보여주는 바로미터다. 받아쓰기를 통해 직접 볼 수 없는 자녀의 학교생활을 얼마든지 가늠해볼 수 있다.

우선 받아쓰기는 '쓰기' 시험이 아니라 '듣기' 시험이다. 시험 결과를 분석해보면 받아쓰기 점수와 듣기 태도 점수가 거의 일치한다. 1학년 아이들이 자주 틀리는 받아쓰기 문제 유형을 분석해보면 꽤 흥미롭다. 물론 맞춤법과 받침을 잘 몰라서 틀리는 경우가 가장 많다. 하지만 이만큼이나 흔하게 틀리는 경우가 바로 글자를 빼먹어서다. 글자를 빼먹고 쓰는 이유는 여러 가지가 있겠지만, 그중에서도 단연 으뜸은 선생님의 말을 잘 듣지 않기 때문이다. 선생님이 받아쓰기 문제를 불러줄 때 딴생각이나 산만한 행동을 하다가 한두 글자를 못 듣거나 놓치는 것이다. 따라서 받아쓰기를 잘 못하는 아이가 있다면 듣기 태도부터 점검해볼 일이다. 받아쓰기를 잘하기 위해서는 무엇보다 상대의 말에 경청하는 태도를 훈련시켜야 한다.

또한 받아쓰기는 준비성 테스트이기도 하다. 받아쓰기하는 모습을 보면 아이가 평소 준비성이 얼마나 좋은지 손쉽게 알 수 있다. 받아쓰기 시험만 보려고 하면 몇몇 아이들이 계속 "선생님, 잠깐만요!"를 외쳐댄다. 늦게 들어오는 아이, 공책이 없는 아이, 연필을 준비하지 못한 아이, 물 마시러 다니는 아이 등 이유도 가지각색이다. 받아쓰기 시험 중간에 지우개를 빌리러 다니는 아이들도 많다. 그동안 시간은 흘러가고 시간에 쫓겨 아는 문제까지 틀리는 경우가 비일비재하다. 이런 아이들은 십중팔구 평소 수업 시간에도 항상 준비성이 부족하다.

이처럼 받아쓰기는 단순한 시험이 아니다. 학교생활을 가늠해볼 수 있는 척도로서 손색이 없다. 받아쓰기는 일차원적으로 점수만 봐선 안 된다. 현명한 부모라면 점수 뒤에 숨겨진 자녀의 문제를 발견해내는 통찰력과 지혜로움을 갖춰야 한다.

받아쓰기 시험 준비 요령

● 교과서 본문을 소리 내어 읽어본다

대부분의 아이가 받아쓰기 시험을 준비할 때 선생님이 미리 알려준 낱말이나 문장만을 공부한다. 하지만 그보다는 먼저 국어 교과서의 해당 단원을 찾아 소리 내어 읽어보는 편이 좋다. 교과서를 읽으면서 받아쓰기 시험에 나올 단어나 문장을 발견하면 따로 표시를 한다. 이런 과정을 거치면서 받아쓰기 시험에 나오는 단어나 문장이 어떤 맥락에서 비롯되었는지를 알 수 있다. 결과적으로 단어나 문장에 대한 이해력이 깊어지고 틀리지 않을 확률이 높아지는 것이다.

● 받아쓰기 문제를 스스로 연습한다

받아쓰기 문제를 스스로 연습한다. 이때 단어나 문장을 많이 읽으면서 써보는 것이 중요하다. 직접 써보면서 틀리기 쉬운 글자나 평소 알고 있던 맞춤법과 다른 글자 등에 따로 표시를 해놓는다. 보통 서너 번 이상 연습하면 받아쓰기 시험 준비가 어느 정도 끝난다.

● 부모님이 불러주는 문제를 받아 적는다

부모가 교사 역할을 대신해 실제처럼 받아쓰기 시험을 치러본다. 이때 학교 시험과 최대한 비슷한 상황을 연출하는 것이 중요하다. 교사에 따라 문제를 딱 두 번만 불러준다든지, 문장 부호를 엄격하게 채점한다든지 하는 특성이 있기 때문이다. 이런 점들을 고려해 가급적 학교와 똑같은 상황을 만들어놓고 시험을 치른다. 그래야 시험에 대한 불안한 마음이 줄어들고 실제와 연습 점수 간의 격차가 좁혀질 수 있다.

● 틀린 문제를 다시 써본다

받아쓰기 시험 연습에서 틀린 문장이나 단어는 반드시 5번 이상 다시 써보게 한다. 그리고 그 문장이나 단어는 시험 직전 반드시 체크해서 또 틀리지 않도록 아이에게 강조한다. 틀린 문제는 또 틀릴 확률이 높기 때문이다.

● 시험 준비물을 확인한다

의외로 받아쓰기 시험에서 가장 많은 실수가 생기는 부분이 학용품 준비다. 시험을 한번 볼라치면 연필이 없는 아이, 지우개가 없는 아이, 공책이 없는 아이 등 준비가 안 된 아이들이 즐비하다. 그래서 시험은 시작부터 삐걱거리고 심지어 시험을 망치는 경우가 자주 발생한다. 받아쓰기 공책, 잘 깎은 연필 3자루, 지우개 등은 받아쓰기 시험의 필수 준비물임을 기억해야 한다.

▌받아쓰기 시험 이후에는 어떻게 할까

사실 받아쓰기 시험을 본 다음 점수보다 더 중요한 것이 바로 사후 처리다. 잘 보면 잘 본 대로 못 보면 못 본 대로 부모가 적절한 대응을 해야 아이가 성장과 발전의 기회를 가질 수 있기 때문이다. 아이가 시험을 잘 봤다면 충분한 칭찬과 격려를 해준다. 어떤 부모는 겨우 받아쓰기 100점을 가지고 무슨 호들갑을 떠느냐는 식의 반응을 보이기도 하는데 그렇지 않다. 아이가 노력한 부분에 대해서는 확실하게 칭찬을 해줘야 한다. 하지만 시험 점수와 물질적인 보상을 너무 직접적으로 연결하는 건 삼가도록 한다.

아이가 시험을 못 봤다면 조금 더 사후 처리에 신경을 써야 한다. 우선 좋지 않은 점수가 자녀의 공부 정체성에 부정적인 영향을 끼치지 않도록 최대한 노력한다. 부모가 점수에 대해 어떤 반응을 보이느냐에 따라 자녀의 공부 정체성이 달라질 수 있기 때문이다. 또한 부모는 점수가 좋지 않게 나온 이유에 대해 자녀와 이야기를 나눈다. 열심히 공부를 안 해서인지, 너무 뒷자리라 선생님의 목소리가 잘 들리지 않아서인지, 준비물을 깜빡해서인지 등 정확한 이유를 파악한다. 그 후 자녀에게 이야기를 충분히 들어보고 그에 맞는 대처법을 강구하면 된다.

06

자기 주도 학습 능력을 갖춘다

고학년이 되었을 때 결국 공부 잘하는 아이는 자기 주도 학습 능력이 갖춰진 아이다. 자기 주도 학습 능력은 말 그대로 자기 스스로 공부 계획을 세우고 실천하는 능력이라고 할 수 있다. 자기 주도 학습 능력은 자신에게 주어진 시간에 무엇을 할지 스스로 계획하고 그것을 실천해보면서 형성된다. 이때 수많은 실패와 실수를 하는 건 너무나 당연하다. 실패와 실수를 극복하면서 자신에게 맞는 공부 방법을 찾아가는 것이다. 그리고 이런 과정을 거친 아이가 결국 공부를 잘하게 되는 것이다. 초등학교 1학년 때부터 자기 주도 학습 능력을 키워줄 수 있는 방법이 있다. 숙제, 문제집, 학습지, 예습과 복습 등을 잘 활용하면 된다. 그러면 공부 잘하는 아이로 키우는 건 시간문제나 마찬가지이다.

▌숙제

숙제는 초등학교에서 자기 주도 학습 능력을 키워줄 수 있는 가장 좋은 도구이다. 숙제를 하기 위해 계획하고 실행하며 해결하는 과정을 반복하면서 자기도 모르는 사이에 자기 주도 학습 능력이 발달한다. 하지만 현실에서 숙제는 '엄마 주도 학습 능력'만을 높여주는 도구로 전락하는 경우가 많다. 아이가 해야 하는 숙제를 엄마가 대신해주는 상황이 빈번하게 발생한다. 왜 그런 것일까?

엄마들은 숙제가 너무 어려워서 아이가 혼자 할 수 없다고 변명한다. 그리고 교사들이 아이 스스로는 절대 할 수 없는 고차원의 숙제를 내기 때문이라고 덧붙인다. 과연 그럴까? 물론 굉장히 어려운 숙제를 내는 교사도 극소수 있긴 하다. 하지만 대부분의 교사들은 상식적이면서 아이 혼자 능히 해결할 수 있는 숙제를 낸다.

문제는 부모의 욕심이다. 부모의 욕심이 개입하면 아이가 혼자 할 수 있는 숙제도 엄마 숙제가 되어버린다. 언젠가 아이들에게 '나의 성장 흐름표'를 만들어 오라는 숙제를 낸 적이 있다. 태어나서부터 초등학교 입학 때까지의 성장 과정에 사진을 붙이고 간단한 설명을 쓰면 되는 것이었다. 교과서에 나온 예시 작품도 소개했다. 당연히 아이가 혼자서도 충분히 할 수 있는 숙제라고 생각했다. 그런데 결과를 보고 입이 다물어지지 않았다. 많은 아이들이 '성장 화보집'을 만들어 가져 왔기 때문이다. 한눈에 봐도 엄마 주도 학습으로 한 티가 너무 났다. 교사 입장에서 굉장히 불편한 상황이다. 엄마들이 이렇게 자녀 숙제에 개입하는 이유는 무엇일까? 자신의 자녀가 절대 뒤처지면 안 된다고 생각하기 때문은 아닐까?

숙제는 철저히 아이 스스로 할 수 있게 해야 한다. 엄마 주도 학습으로 해결하는 엄마 숙제가 되어서는 곤란하다. 당장 아이가 힘들어한다고 엄마가 대신해주고, 이것이 반복되다 보면 아이는 더 이상 숙제에 대한 책임감을 느끼지 못한다. 숙제가 자신의 일임에도 불구하고 방관자가 되어버린다. 부모는 아이가 자기 할 일을 스스로 할 수 있도록 돕는 조력자가 되어야 함을 늘 기억해야 한다.

문제집

문제집은 가장 적은 비용으로 자기 주도 학습 능력을 키워줄 수 있는 도구 중 하나이다. 매일매일 일정 분량의 문제집을 풀게끔 습관을 잡아주는 것은 정말 중요하다. 특히 수학 과목이 그렇다.

사실 국어 과목은 문제집이 꼭 필요하지는 않다. 문제의 형태가 매우 단순하기 때문이다. 대부분이 제시된 교과서 지문을 읽고 이해했는지 묻는 문제이다. 따라서 어느 정도의 지문 이해력을 지니고 있으면 문제를 쉽게 풀 수 있다. 책읽기만 꾸준히 해도 국어 과목은 크게 문제가 되지 않는다.

하지만 수학은 반드시 문제집 풀이가 필요하다. 수학을 잘하려면 문제를 고민하면서 스스로 많이 풀어봐야 한다. 이런 기회를 제공하는 가장 손쉬운 도구가 바로 수학 문제집이다. 수학은 아이 수준에 맞는 문제집을 선택하는 것이 중요하다. 문제집이 아이의 수준과 맞지 않으면 흥미를 느낄 수가 없다. 수준에 맞는 문제집을 선택해 가급적 매일 풀기를 원칙으로 하되, 하루에 30분을 넘기지 않도록 하는 편이 좋다. 아이마다 다르겠지만 30분이면 수학 문제집 두 장 정도를 풀 수 있는 시간이다. 이 시간 동안 집중해서 풀 수 있도록 타이머를 맞춰놓는다. 부모는 아이가 문제를 다 푼 후에 채점을 하고 틀린 문제가 있다면 설명을 해주면 된다. 아이에게 수학 공부는 매일 해야 하는 것이라는 인식을 심어줄 수 있으면 성공이다.

▎학습지

학습지 역시 잘만 활용하면 아이의 자기 주도 학습 능력을 향상시킬 수 있는 좋은 도구가 된다. 하지만 아이에게 꾸준히 학습지를 시키기

란 말처럼 쉽지 않다. 학습지를 통해 아이의 자기 주도 학습 능력을 향상시키려면 다음과 같은 원칙을 지켜야 한다.

우선 학습지를 시키는 목적을 분명히 해야 한다. 간혹 목적을 생각하지 않고 주변에서 좋다고 하니 우리 아이도 한번 시켜보자는 식으로 접근하는 경우가 많은데, 이러면 대부분 몇 개월 못 가서 그만두게 된다.

다음으로 학습지를 시킬 때는 자녀의 동의를 반드시 받아야 한다. 아무리 좋은 학습지라도 자녀의 동의 없이 시작한다면 하루하루가 전쟁일 수밖에 없다. 아이가 어려도 스스로 동의한 사항에 대해서는 책임감이 생기는 법이다.

그리고 학습지는 일정 시간을 정해놓고 그 시간에 하는 습관을 들이는 것이 좋다. 물론 이때도 타이머를 맞춰놓고 집중해서 하는 습관까지 잡아준다.

아무리 좋은 학습지라도 몇 개월 지속하다 보면 중단 위기가 찾아온다. 이때 무리를 해서라도 계속할 것인지 아니면 잠시 쉴 것인지를 선택해야 하며, 아이의 특성에 따라 다른 결정을 내려야 한다. 여기서 분명한 것은 부모가 욕심을 부려 밀어붙이면 반드시 탈이 난다는 사실이다.

마지막으로 학습지를 시작하기 전에 꼭 명심해야 할 사항이 있다. 학습지 교사와 아이가 잘 맞는지가 학습지의 내용보다 더 중요하다는 점이다. 만약 아이가 학습지 교사를 싫어하거나 서로 맞지 않는다면 다른 학습지를 고려해야 한다. 어린아이들일수록 학습지보다는 관계를 더 중요시해야 한다.

▌ 예습과 복습

자기 주도 학습 능력이 뛰어난 아이들의 공통점 중의 하나가 효과적인 예습과 복습을 한다는 사실이다. 하지만 초등학교 1학년은 예습과 복습이 굳이 필요하지 않다. 학습의 많은 부분이 활동 위주이다 보니 예습과 복습이 큰 의미가 없다. 다만 숙제만큼은 예습과 복습의 기능이 있으므로 꼭 해야 한다. 사실 가장 확실한 예습과 복습 방법은 평소 다양한 분야의 책을 꾸준히 읽는 것이다.

07

학원의 효과 바로 알기

요즘 1학년 아이들은 학원을 참 많이 다닌다. 영어 학원은 필수 코스요, 수학 학원은 필수 옵션이다. 학원은 학교만큼이나 당연히 다녀야하는 곳으로, 현실에서는 학원을 보내지 않는 부모를 걱정과 의구심어린 시선으로 바라본다. 어떤 부모들은 아이의 학원 스케줄을 짜주고, 그 스케줄에 따라 아이를 실어 나르는 일이 부모의 역할이라고 생각하기도 한다.

하지만 학원이 정말 아이 공부에 도움이 되는지에 대해서는 고민해봐야 한다. 대다수의 부모는 '막연한 불안감' 때문에 아이를 학원에 보낸다. 아이의 실력을 키워주기 위해 보내는 게 아니라, 옆집 아이도

다니는데 내 아이만 안 보내면 왠지 뒤처질 것 같아 보내는 경우가
많다.

▌ 학원은 생각만큼 효과가 크지 않다

『적기교육』이라는 책에 눈여겨볼 만한 통계가 등장한다. 취학 전 조
기 사교육을 많이 받은 아이들과 그렇지 않은 아이들을 대상으로 1학
년 때 독해력, 논리력, 맞춤법 등의 평균 점수를 비교해봤는데, 다음
과 같은 결과가 나왔다.

[만 5세 사교육 경험 유무에 따른 초등 1학년 시기의 읽기 능력과 어휘력]

	조기 사교육을 받은 집단	조기 사교육을 받지 않은 집단
독해력	48.33점	51.07점
논리력	49.31점	50.99점
맞춤법	49.25점	51.08점
오자	49.65점	50.66점
관련 단어 찾기	49.69점	50.48점

위의 통계에 의하면 조기 사교육을 받은 집단의 평균 점수는
49.25점, 조기 사교육을 받지 않은 집단의 평균 점수는 50.86점으로

오히려 조기 사교육을 받지 않은 아이들의 평균 점수가 높은 것으로 나타났다. 그리고 같은 아이들을 대상으로 3학년 때 평균 점수도 비교해봤는데 결과는 1학년 때와 거의 비슷했다. 조기 사교육은 부모의 기대만큼 아이에게 좋은 결과를 가져다주지 않는다.

그런데 요즘 상황은 어떤가. 영어마저도 조기 사교육을 잔뜩 받은 다음에 초등학교에 입학한다. 심지어 한 달 수업료가 수백 만원씩 하는 영어 유치원에 보내기도 한다. 그렇다면 이런 사교육이 아이의 영어 실력 향상에 정말 도움이 되는 것일까? 물론 몇몇 아이들한테는 도움이 되겠지만, 또 다른 아이들한테는 오히려 폐해만 심각하게 나타난다. 수학도 마찬가지이다. 한 통계에 따르면 우리나라 아이들은 초등학교에 2학년 수학 실력으로 입학해서 결국 5학년 수학 실력으로 졸업한다고 한다. 초등학교에서 6년 동안 수학을 공부했지만 정작 실력은 4년 분량밖에 늘지 않은 셈이다. 2학년 수학 실력으로 입학시키기 위해 얼마나 많은 시간과 돈을 투자했는데 부모는 실망스러울 수밖에 없다.

선행 학습이 과연 효과적일까

선행 학습은 사교육을 통해 학교보다 짧게는 한 학기, 길게는 몇 년의 진도를 미리 배우는 것이다. 수학에서 가장 심하게 나타나며, 요즘은 선행 학습을 하나의 트렌드처럼 당연하게 생각해 지금 당장 하지 않으면 큰일이라도 날 것처럼 부모와 아이에게 불안감을 조장한다. 하지만 정작 부모가 잘 알지 못하는 중요한 사실이 있다. 선행 학습과 실력은 전혀 무관하며, 선행 학습이 생각보다 많은 문제점을 내포하고 있다는 것이다.

선행 학습은 기본적으로 아이의 발달 단계를 무시한 학습이다. 그렇기 때문에 지속적으로 선행 학습을 하다 보면 아이의 발달 수준과 학습 수준이 잘 맞지 않아 학습 장애를 불러일으킬 수도 있다. 이를테면 수학을 극도로 싫어하는 아이가 될 수도 있다는 것이다. 학습은 철저하게 아이의 발달 수준을 고려해 이루어져야 한다. '선행 학습은 반드시 해야 한다'와 같은 신념은 빨리 버릴수록 좋다.

지나친 선행 학습은 수학의 원리를 이해하고 사고하면서 공부하는 습관을 방해한다. 그 대신 유형에 따른 문제 풀이 기술이나 공식에 지나치게 의존하는 공부 습관을 갖게끔 만든다. 이는 결과적으로 수학을 어려운 과목으로 인식하게 해 사고력 저하의 원인이 된다. 거듭 강조하지만 어린아이일수록 문제만 주야장천 풀어대는 것은 가장 지양해야 할 수학 공부 방법이다. 하지만 현실에서 어린아이들은 선행 학습을 한답시고 문제집이나 학습지를 정말 열심히도 푼다. 안타깝지만 이런 방법으로는 수학에 대한 흥미 유발이나 사고력 발달은 고사하고 수학에 대한 반감만 증폭시킬 뿐이다.

선행 학습의 또 다른 문제점은 수업 시간에 굉장히 산만해진다는 것이다. 1학년 수학 시간에 교실을 둘러보면 유독 졸린 눈을 한 아이들이 많다. 활동 요소가 들어간 내용을 이야기할 때는 잠시 반짝하지만, 개념 원리만 설명하려고 하면 언제 그랬냐는 듯 곧바로 흥미를 잃는다. 이미 수업 내용을 다 배우고 앉아 있기 때문이다. 많은 부모가 선행 학습을 한 다음, 같은 내용을 수업 시간에 한 번 더 들으면 아이가 수학을 훨씬 잘할 수 있을 거라고 생각한다. 하지만 이는 부모들의 희망 사항일 뿐, 선행 학습을 한 아이들은 내용을 잘 알지도 못하면서 안다고 착각해 수업을 들으려고도 하지 않는다. 너무나 자연스럽게 산만해지고 친구들과 잡담을 나눈다. 선행 학습은 미리 배웠다는 안도감으로 인해 수업에 대한 불안감은 조금 덜어줄지 모르지만 수업에 대한 집중력만큼은 현격히 떨어지게 한다는 사실을 꼭 기억해야 한다.

한 학기 이상 선행 학습을 한 아이는 수학의 개념 원리를 정확히 이해하지 못한 채 무조건적으로 내용을 받아들이게 된다. 그러면 아이의 수학 지식 체계는 바람직한 피라미드 구조가 아닌 기형적인 수직 구조가 되어버린다. 수학에서 응용문제나 심화 문제를 잘 해결하려면 지식 체계가 피라미드 구조여야 한다. 수직 구조는 지식을 빨리 쌓을 수만 있을 뿐 튼튼하게 높이 쌓을 수 없어 응용문제나 심화 문제에서 쉽게 무너지기 때문이다. 결국 지나친 선행 학습은 다른 또래들보다 몇 배 더 고생하고도 정작 결과는 미흡한 수준에 그칠 확률이 높다.

'공부는 머릿속을 채우는 게 아니라 머리를 회전시키는 것이다'라는 프랑스 격언이 있다. 선행 학습은 머리를 회전시키는 것이라기보다는 머릿속을 채우는 행위에 지나지 않는다. 그러니 초등학교 입학 전이나 1학년 때부터 학원을 보내며 선행 학습에 열을 올릴 필요가 없다. 초등 1학년 공부는 집에서 하는 것만으로도 충분하다.

08

일기를 꾸준히 쓴다

사고력이 뛰어난 아이는 공부를 잘한다. 하지만 사고력은 눈에 보이지 않기에 사고력을 높이는 방법은 굉장히 추상적으로 다가온다. 또한 어떤 사람의 사고력이 깊은지 깊지 않은지 가늠해볼 수 있는 방법도 묘연하다. 그럼에도 불구하고 사고력의 깊이를 가늠해볼 수 있는 좋은 도구가 있다. 바로 글쓰기이다. 한 사람이 쓴 글을 보면 그 사람이 지닌 사고력의 깊이를 쉽게 가늠해볼 수 있다. 바꿔 말하면 글쓰기는 사고력을 향상시킬 수 있는 가장 좋은 도구이다. 실제로 말하기, 듣기, 읽기, 쓰기 중에서 가장 고도의 사고력을 요하는 것이 바로 '쓰기'이다.

글쓰기를 잘하는 방법은 여러 가지가 있지만 그중에서 가장 좋은 방법은 꾸준히 쓰는 것이다. 가장 확실하고 강력한 방법이다. 이런 측면에서 일기 쓰기는 글쓰기를 통한 아이들의 사고력 향상에 가장 좋은 도구가 될 수 있다.

글 잘 쓰는 아이들의 공통점

● 관찰력이 뛰어나다

글을 잘 쓰는 아이와 못 쓰는 아이의 결정적인 차이점 중 하나가 바로 관찰력이다. 글을 잘 쓰는 아이들은 관찰력이 매우 뛰어나다. 글을 못 쓰는 아이들 대부분이 사물이나 사건을 피상적으로 바라보는 반면, 글을 잘 쓰는 아이들은 사물이나 사건 등을 숨어 있는 면까지 구체적으로 본다. 이러한 관찰력이 공부하는 데 큰 도움이 되는 건 두말할 나위가 없다.

● 사고력이 깊다

글을 잘 쓰는 아이들은 어떤 사건이나 상대방이 한 말 등을 받아들일 때 굉장히 능동적이다. 자신의 생각이나 경험 등에 비추어 재해석을 한다. 사고력이 깊어서 재해석을 잘하는 아이는 시험을 치를 때도 눈에 보이는 문제만을 읽지 않는다. 생각하면서 문제를 읽고 자기 나름대로 해석을 하면서 문제를 푼다.

● 배경지식이 풍부하다

글쓰기는 표현의 최고봉이다. 그리고 표현은 아는 만큼만 할 수 있다. 아는 만큼 보이고 아는 만큼 느낄 수 있는 법이다. 글을 잘 쓴다는 건 표현력이 좋다고도 할 수 있지만 아는 것이 많아서이기도 하다. 글을 잘 쓰는 아이들은 비유를 적절하게 사용한다. 그리고 글을 잘 쓰는 아이들은 대부분 책을 많이 읽는다.

● 중요한 내용을 정확히 구분한다

글을 잘 쓰는 아이들은 무엇이 중요한 내용인지 정확히 구분한다. 쳐낼 것은 쳐내고 살릴 것은 살리는 능력이 있어야 한다. 이는 공부하는 데 굉장히 크게 작용한다. 공부 잘하는 아이들과 그렇지 않은 아이들의 공책을 살펴보면 확연히 차이가 난다. 공부 잘하는 아이들의 공책에는 요점만 적혀 있는 반면, 그렇지 않은 아이들의 공책에는 필요 없는 내용이 가득하다. 공부 못하는 아이들은 자기가 공부하는 내용 중에서 무엇이 중요한지 제대로 구분을 못하는 것이다.

● 체계적인 사고를 한다

글을 잘 쓰려면 순서에 따라 써야 한다. 글을 잘 쓰는 아이들은 이러한 순서를 잘 알고 잘 지킨다. 글은 대체로 '주제 결정하기 → 글감 찾기 → 계획 수립하기 → 구성하기(얼개 짜기) → 표현하기 → 글다듬기'의 순서로 쓴다. 이런 순서에 맞춰 자꾸 글을 쓰다 보면 자신도 모르는 사이에 체계적인 사고에 익숙해진다.

체계적인 사고는 글을 쓸 때뿐만 아니라 공부하는 데도 반드시 필요하다. 수학 문제 단 하나를 풀더라도 체계적인 사고가 뒷받침되어야 한다. '문제 이해하기 → 문제 해결 전략 세우기 → 전략에 따라 문제 해결하기 → 검토하기'와 같은 체계적인 사고에 능숙한 아이들이 문제도 잘 풀고 공부도 잘할 수 있는 것이다.

▌일기 쓰기 요령

● 날씨를 자세히 쓴다

날씨는 일기의 필수 요소다. 날씨를 쓸 때 맑음, 흐림, 비, 눈 등으로 간단하게 쓰는 것보다는 '땀이 날 정도로 햇빛이 쨍쨍', '비 오다 멈추고 다시 비가 오는 하루 종일 오락가락한 날씨' 등과 같이 자세히 표현하는 게 좋다. 이렇게 하다 보면 어느 날은 날씨만 가지고도 일기를 쓸 수 있다. 날씨를 자세히 쓰면 관찰력이 좋아지는 것은 물론 표현력도 향상된다.

● 제목을 반드시 쓴다

일기의 제목은 가게의 간판과도 같다. 상징성이 있고 중요하다. 제목은 일기를 쓰기 전에 정할 수도 있고 일기를 다 쓴 다음에 정할 수도 있다. 심지어 일기를 쓰는 중간에 정할 수도 있다. 제목은 내용을 잘 드러내거나 주제와 관련성이 높은 것으로 짓는 게 좋다. 만약 제목 붙이기를 어려워하는 아이가 있다면 부모가 서너 개의 제목을 만든 다음에 고르게 하는 것도 좋은 방법이다.

● 문장 부호를 올바르게 사용한다

1학년 국어 교과서에는 문장 부호의 종류와 사용 요령이 나온다. 이를 참고해 일기를 쓸 때 마침표(.), 물음표(?), 느낌표(!) 등의 문장 부호를 적절한 곳에 정확하게 사용할 수 있도록 가르친다. 간혹 어떤 아이들은 말줄임표(……)를 너무 남발하는 경우가 있는데 꼭 필요한 곳에만 쓰도록 알려준다.

● 표현을 자유롭게 한다

부모나 교사 중에는 아이들이 일기의 시작으로 즐겨 쓰는 '나는 오늘'이라는 표현에 민감한 반응을 보이는 경우가 있다. 사실 이런 표현을 써도 괜찮다. 시간이 지나면 쓰라고 해도 쓰지 않는다. 그리고 아이들은 일기에 입말을 많이 쓴다. 물론 일기에는 글말을 써야 하지만 1학년 아이들이 쓰는 입말은 일기를 보다 생동감 있고 재미있게 만들어준다. 그러므로 일기를 쓸 때는 가급적 제약을 두지 않는 것이 아이의 표현력을 향상시키는 데 도움이 된다.

● 띄어쓰기를 한다

띄어쓰기는 어른들도 어려워하는 경우가 많다. 그렇다고 띄어쓰기에 신경을 쓰지 않으면 글은 엉망이 된다. 처음 일기를 쓸 때부터 띄어쓰기를 하는 습관을 들이는 게 좋다. 띄어쓰기를 생각하면서 꾸준히 일기를 쓰다 보면 어느 순간 띄어쓰기를 터득할 수 있다.

● 문장을 간결하게 쓴다

문장은 가급적 간결하게 쓰게 한다. 어떤 아이는 일기를 단 한 문장으로 길게 이어서 쓰기도 한다. 생각이 너무 많거나 정리가 되지 않으면 글을 간결하게 쓰지 못한다. 자꾸 문장을 길게 쓰다 보면 나중에는 버릇이 되어서 고치기가 힘들어진다. 한 문장이 두 줄을 넘지 않게 쓰는 것이 좋다.

● 느낌 문장을 많이 쓴다

느낌 문장은 개인의 생각을 담고 있다. 하지만 대부분의 아이가 일기를 쓸 때 사실 문장만을 쓴다. 일기 쓰기를 통해 얻을 수 있는 장점 중 하나가 사고력 향상이다. 이를 위해서는 느낌 문장을 많이 쓰도록 노력해야 한다.

▌다양한 형식의 일기 쓰기

매일 같은 형식의 일기만을 쓰다 보면 지겨울 수 있다. 이럴 때 다양한 형식의 일기를 쓰면 지루함을 극복할 수 있을 뿐만 아니라 표현력도 풍부하게 키울 수 있어서 좋다.

[다양한 형식의 일기]

형식	내용
하루 일기	학교나 가정 등 일상에서 가장 기억에 남는 일을 쓰는 일기. 하루 중 가장 인상적인 일 하나만 골라 써보는 것이 중요하며, 사실을 나열하기보다는 느낌과 소감을 많이 쓸 수 있게 지도한다.
동시 일기	자신의 느낌이나 생각이 잘 드러나게끔 동시로 쓰는 일기. 파릇파릇, 깡충깡충처럼 흉내 내는 말을 사용하면 생동감 있는 동시 일기를 쓸 수 있다.
만화 일기	자신에게 있었던 일을 만화로 표현하는 일기. 4컷이나 6컷 정도가 적당하며 그림보다는 말풍선 글에 초점을 맞춘다.
편지 일기	부모님, 선생님, 친구 등 주변 사람들에게 편지를 쓰는 일기. 말로 하기 어려운 내용을 편지로 쓰게 하고, 잘 쓴 일기의 경우 직접 편지로 보내면 좋다.
수학 일기	수학 시간에 배운 개념이나 원리 등을 소개하는 일기. 수학 일기를 쓰면 개념이나 원리에 대한 깊은 이해를 도모할 수 있을 뿐만 아니라 수업 시간에 집중력을 향상시킬 수 있다.
관찰 일기	식물이나 동물 등을 자세히 관찰하고 쓰는 일기. 일기를 읽으면서 관찰 대상의 모습이 머릿속에 자연스럽게 그려지면 잘 쓴 것이다. 그러므로 가급적 자세히 묘사하는 것이 중요하다.

독서 일기	자기가 읽은 책이나 읽고 있는 책에 대한 내용, 느낌 등을 적는 일기. 인상적인 책을 만났을 때 쓰는 것이 좋고, 줄거리보다는 느낌이나 소감 위주의 글쓰기가 바람직하다.
체험 일기	현장 학습이나 체험 활동을 다녀온 후 그에 대한 느낌이나 소감 등을 적는 일기. 체험 내용과 느낌 등이 생생하게 드러나도록 쓰는 것이 중요하다.
영어 일기	자신이 경험한 내용을 영어로 쓰는 일기. 처음부터 전체를 영어로 쓰기보다는 부분적으로 쓰기 시작해 점점 확대해가는 편이 좋다.

"선생님, 국어 공부는 어떻게 시켜야 하나요?"
"수학 공부는 어떻게 하면 되나요?"
"통합도 따로 공부해야 하나요?"

1학년 학부모를 면담하다 보면 단골처럼 등장하는 질문이다. 자신들의 학창 시절과는 확연히 달라진 수업 및 교과서 등을 접하면서 무엇을 어떻게 해야 할지 몰라 불안감에 휩싸이는 건 어찌 보면 당연하다.

1학년이지만 요령 있게 공부를 잘하는 아이들이 있다. 이런 아이들은 똑같은 시간을 공부해도 좋은 결과를 낸다. 자녀를 공부 잘하는 아이로 키우려면 부모가 먼저 과목별 공부법을 잘 알고 있어야 한다. 그래야 소위 '카더라 통신'에 휘둘리지 않고 통찰력 있는 지도를 할 수 있다.

2부

공부 쑥쑥!
초1 과목별
학습 전략

1장

국어

1

학습 내용

[1학년 국어 시간에 배우는 내용]

영역	내용
듣기, 말하기	• 중요한 내용이나 일이 일어난 순서를 고려하여 듣고 말하기 • 바르고 고운 말로 서로의 감정을 나누며 듣고 말하기 • 상대의 말을 집중하여 듣고 차례를 지키며 대화하기 • 자신의 경험이나 생각을 바른 자세로 발표하기
읽기	• 글자, 단어, 문장, 짧은 글을 정확하게 소리 내어 읽기 • 낱말과 문장을 정확하게 소리 내어 읽기 • 의미가 잘 드러나도록 문장과 짧은 글을 띄어 읽기 • 인물의 마음이나 생각을 짐작하고 이를 자신과 비교하며 글 읽기

쓰기	• 글자를 익혀 글씨를 바르게 쓰기 • 쓰기에 흥미를 가지며 자신의 생각이나 느낌을 문장으로 표현하기 • 자신의 주변에서 일어난 일에 대한 생각 쓰기 • 인상 깊었던 일이나 겪은 일을 글로 쓰기
문법	• 한글 낱자(자모)의 이름과 소릿값을 알고 정확하게 발음하기 • 소리와 표기가 다를 수 있음을 알고 단어를 바르게 읽고 쓰기 • 문장과 문장 부호를 알맞게 쓰고 한글에 호기심 갖기
문학	• 말놀이, 낭송 등을 통해 말의 재미와 즐거움 느끼기 • 작품 속 인물의 마음, 모습, 행동 상상하기 • 글이나 말을 그림, 동영상 등과 관련지으며 작품 이해하기 • 시나 노래, 이야기에 흥미 가지기

02

기-승-전-책읽기

아이들은 수학이나 영어보다는 국어를 쉽게 생각한다. 하지만 이는 우리가 일상생활에서 항상 쓰는 말이기 때문에 익숙해서 그런 것이지 국어가 호락호락한 과목이기 때문에 그런 것은 아니다. 시험을 보면 수학보다 100점이 안 나오는 과목이 국어이다.

국어를 잘하려면 여러 가지 방법이 있겠지만 가장 중요한 건 책읽기이다. 국어 공부에서 책읽기가 필요한 이유는 간단하다. 책을 읽고 이해력을 키우지 않으면 국어 문제를 풀 수 없기 때문이다.

[1학년 국어 시험 문제 예시]

1학년 1학기	※ 다음 글을 읽고, 물음에 답하시오. **학교 가는 길** 학교에 가려고 집을 나서요. 아침을 맛있게 먹고 나서요. 아침 산책 다녀오는 이웃집 아저씨를 만나요. 치과를 지나, 꽃집을 지나, 가구점을 지나 공원을 가로질러요. (문제) 위 글을 읽고 알맞은 단어를 써넣어 문장을 완성하시오. 아침 산책 다녀오는 이웃집 ( )을/를 만나요.
1학년 2학기	※ 다음 글을 읽고, 물음에 답하시오. 옛날 옛적에 어느 임금님이 신기한 맷돌을 가지고 있었습니다. "나와라, 밥!" 하면 밥이 나오고, "그쳐라, 밥!" 하면 뚝 그치는 신기한 맷돌이었답니다. 어느 날 아침, 사람들은 시장에 모여 신기한 맷돌에 대해 이야기를 했습니다. "우리 임금님에게는 신기한 맷돌이 있다네." "그 맷돌이 있으면 귀한 물건을 많이 얻을 수 있어." 사람들 뒤에서 도둑이 그 말을 조용히 듣고 있었습니다. 도둑은 고약한 마음을 먹었습니다. '그 맷돌이 있으면 부자가 될 수 있겠어.'

　이런 시험 문제를 보며 부모들 중 일부는 '1학년한테 너무 어려운 것이 아닌가'라는 생각을 할지도 모른다. 하지만 이것이 현실이다. 2학년이 되면 지문이 더 길어지는 건 두말하면 잔소리이다. 평소 꾸준히 책을 읽지 않은 아이들은 탄식부터 터져 나온다. 그리고 읽기가 원활하지 않은 아이는 지문을 읽다가 시간을 다 보내기 일쑤이다. 왜 그렇게 책읽기에 매달려야 하는지 국어 시험 문제에서 그 이유를 쉽게 발견할 수 있다.

　초등 1학년이라면 하루에 한 시간 정도는 반드시 책읽기에 시간을 할애해야 한다. 그 어떤 일보다 책읽기를 우선순위에 두어야 한다. 그래야 학년이 올라갈수록 국어를 공부하는 데 어려움을 겪지 않을 수 있다.

집에서 교과서를 읽는다

아이들의 발달 수준을 가장 세심하게 고려한 읽을거리가 바로 교과서이다. 교과서는 수많은 전문가가 모여 아이들의 발달 수준에 맞춰 그 내용을 거르고 걸러 만든 책이다. 그렇기 때문에 해당 학년 아이들의 수준을 가늠할 수 있는 바로미터가 되기도 한다.

교과서는 모든 공부의 출발점이라고 할 수 있다. 하지만 요즘 아이들은 교과서를 열심히 읽지 않는다. 그보다는 학교나 학원에서 나눠주는 요약집을 읽고 문제 풀이에만 열을 올린다. 하지만 이는 바람직하지도 않을뿐더러 비효율적인 공부 방법이다. 공부를 잘할 수 있는 가장 효율적인 방법은 교과서를 반복해서 읽는 것이다.

교과서 반복 읽기는 국어를 공부할 때 특히 빛을 발한다. 국어 교과서는 따로 시간을 내서 읽지 않으면 본문을 단 한 번도 제대로 읽지 않고 지나가는 단원도 생긴다. 학교에서 또는 학원에서 당연히 읽을 거라고 생각하기 쉽지만 현실은 그렇지 않다. 수업 시간 40분 동안 내용을 이해하고 단원에서 요구하는 학습 목표에 도달하는 것조차도 빠듯하기 때문이다. 상황이 이렇다 보니 학교에서 여유 있게 본문 읽기를 기대하기가 어렵다. 그러므로 집에서 교과서를 충분히 읽어야 한다.

▌ 반복해서 읽는다

교과서를 한 번 읽은 아이와 열 번 읽은 아이는 다를 수밖에 없다. 반복해서 읽으면 읽을 때마다 맛이 다르다. 처음에는 내용을 이해하기 위해서 읽지만, 점점 반복할수록 글 속의 아름다운 표현이 보이고, 등장인물들의 행동이나 생각도 이해하게 된다. 즉, 처음에는 숲만 보이다가 점점 나무까지 보이기 시작하는 것이다. 학교 진도에 맞춰 2주일에 한 단원을 매일 한 번씩 읽으면 본문 한 편을 10번씩 읽는 꼴이 된다. 이렇게 읽다 보면 내용을 이해할 뿐만 아니라 부분적으로 외울 수 있게 된다. 그리고 외운 표현은 아이가 말을 하거나 글을 쓸 때 자신도 모르는 사이에 튀어나오기도 한다.

소리 내어 읽는다

교과서를 읽을 때 큰 소리로 읽는다. 요즘에는 1학년 아이들도 소리 내어 읽지 않고 눈으로만 읽는다. 하지만 학습 효과를 놓고 본다면 눈으로 읽기보다는 소리 내어 읽기가 훨씬 좋다. 눈으로 읽기는 시각적으로만 뇌를 자극하지만 소리 내어 읽기는 시각과 청각을 통해서 뇌를 자극해 보다 더 뇌를 활성화시키기 때문이다. 그리고 소리 내어 읽어야 끊어 읽기를 정확히 할 수 있다. 고학년인데도 읽기를 시키면 더듬더듬 읽거나 의미 단위로 끊어 읽기를 어려워하는 아이들이 꽤 많다. 이를 개선하려면 소리 내어 읽기가 효과적이다. 소리 내어 읽을 때 목소리의 크기는 아이가 방에서 읽는다고 하면 거실에 있는 엄마 귀에 내용이 들릴 정도면 적당하다.

흔적을 남기며 읽는다

교과서에 줄을 그어가면서 읽으면 좋다. 아무 표시도 안 하는 것보다는 중요한 곳, 이해가 안 되는 곳, 마음에 와닿는 표현이 있는 곳 등에 나름대로 표시를 하면서 읽으면 더욱 집중해서 읽을 수 있다. 또한 이렇게 하면 예습 효과까지 볼 수 있다. 교과서에 얼마나 많이 자신의 손때가 묻었느냐에 따라 수업 집중도와 성적이 달라지는 것이다.

한자에 관심을 가진다

초등학교의 정식 교과는 아니지만 한자의 중요도는 결코 다른 것에 뒤지지 않는다. 우리말의 어휘 중 70퍼센트 이상이 한자어로 되어 있기 때문에 한자를 모르면 우리말도 제대로 알 수 없기 때문이다.

한자를 알면 어휘의 의미가 분명해질 뿐만 아니라 어휘력이 폭발적으로 늘어난다. 그러면 글을 읽고 이해하는 속도가 빨라지고 깊이가 깊어지게 된다. 또한 한자를 알면 한글을 철자법에 맞게 사용할 수 있다. 요즘은 한글을 떼고 초등학교에 입학하는 아이들이 대부분이지만 철자법에 맞게 한글을 쓰는 경우는 많지 않다. 고학년이 되어서도 소리 나는 대로 쓴다든지 받침이 틀리는 아이들이 아주 많다. 한자를 잘 모르기 때문이다. 예를 들어 '소질 계발'을 '소질 개발'로 쓰는 건 계발啓發이란 한자를 몰라서 생긴 문제이다. 한자를 잘 알면 이런 오류가 줄어들고 한글을 철자법에 따라 정확하게 사용할 수 있게 된다.

그리고 한자를 배우면 좌뇌와 우뇌를 고르게 발달시킬 수 있다. 주로 우뇌에서는 전체적인 이미지를 처리하고, 좌뇌에서는 논리적으로 파악해야 하는 복잡한 내용을 처리한다. 따라서 한글이나 영어와 같은 '소리글자(표음 문자)'는 좌뇌만 반응하는 반면, 한자와 같은 '뜻글자(표의 문자)'는 좌뇌와 우뇌에서 모두 반응한다. 따라서 우뇌 활동이 왕성한 어린 시절에 한자 교육을 시키면 우뇌가 발달하는 것은 물론, 자연적으로 좌뇌에도 영향을 끼쳐 논리적 사고 능력까지 향상된다. 결국 어린 시절의 한자 교육은 단순히 한자 몇 자를 아는 데서 끝나지 않고 양뇌를 동시에 자극해 앞으로 아이가 받을 교육의 효과를 극대화하는 셈이다.

1학년 때는 한자를 쓰기보다는 읽기에 주력하는 편이 좋다. 한자 읽기를 통해 한자와 친숙해지고 반복 읽기를 하면서 자연스럽게 한자를 외울 수 있도록 하는 방법이 바람직하다.

2장

수학

01

학습 내용

[1학년 수학 시간에 배우는 내용]

영역 및 단계		내용
수와 연산	1학기	• 50까지의 수 • 간단한 수의 덧셈과 뺄셈 • 모으기와 가르기를 해보면서 수감각 기르기
	2학기	• 100까지의 수 • 여러 가지 수세기 방법의 활용(하나, 둘, 일, 이) • 한 자리 수의 덧셈과 뺄셈 • 두 자리 수의 덧셈과 뺄셈(받아 올림, 받아 내림 없음) • 덧셈과 뺄셈의 활용

도형	1학기	• 육면체, 원기둥, 구 모양의 물건을 이용해서 여러 가지 모양 만들기
	2학기	• 세모, 네모, 동그라미를 이용하여 여러 가지 모양 만들기
측정	1학기	• 길이, 넓이, 담을 수 있는 양(들이)을 비교하여 말로 표현하기
	2학기	• 시각 읽기(몇 시, 몇 시 30분을 정확하게 읽기)
규칙성	1학기	• 규칙적인 배열에서 규칙 찾기 (2, 3칸씩 반복되는 규칙을 찾아보고 빈칸 채워보기)
	2학기	• 자신이 정한 규칙에 따라 배열하기 (스스로 규칙 만들어보기) • 1~100 수 배열표에서 규칙 찾기 (숫자를 통한 규칙 찾기)

조작 활동을 많이 시킨다

초등학교 1학년 아이들을 가르칠 때 이런 아이를 보았다. 수학 시간에 덧셈과 뺄셈을 하는데 아이가 자꾸 책상 속에 손을 넣는 것이다. 왜 그런가 알고 보니 아이가 손가락을 이용하여 계산을 하고 있는 것이다. 그냥 손가락 꺼내놓고 하라고 했더니 그래도 되냐고 묻는다. 왜 그러냐고 물으니 집에서 계산을 할 때 손가락을 쓰면 엄마한테 혼나서 선생님한테도 혼날까 봐 그렇다는 것이다. 정말 당황스럽지 않을 수가 없다.

초등학교 저학년 아이들은 구체적인 조작을 해야만 개념 원리를 잘 이해할 수 있는 '구체적 조작기'에 이제 막 접어든 아이들이다. 이

시기의 아이들은 수학도 머리로 배우기보다는 조작이나 놀이를 통해 배워야 개념 원리가 이해가 가고 수학을 재미있게 배울 수 있다. 예를 들면 1학년 아이에게 '한 자리 수+한 자리 수'를 배우는데 아이에게 50문제가 나와 있는 문제지를 주며 풀라고 하면 어떤 일이 벌어질까? 10문제를 못 넘기고 몸을 꼬기 시작할 것이다. 이런 식의 공부법은 1학년 아이들에게는 맞지 않고 너무 가혹한 수학 공부 방식이다. 하지만 아이에게 주사위를 하나 주고 주사위를 두 번 던져 나온 눈의 합을 더하는 문제를 50문제 풀라고 하면 아이가 지겨워할까? 대부분 아이들은 오히려 재미있어한다. 왜냐하면 덧셈에 '주사위 던지기'라는 조작 활동이 가미가 되었기 때문이다.

초등학교 1학년 수학을 처음부터 머리로만 접근시키고 문제집만 많이 풀게 하면 아이는 절대 수학을 좋아할 수 없다. 가급적 조작 활동이나 놀이 활동을 통해 수학을 접하게 하는 것이 좋다. 조작 활동을 통해 수학을 배우면 처음에는 느리게 터득하는 듯해도 개념 원리를 확실히 이해하게 되어 무엇보다 수학이 재미있다는 인식을 갖게 된다.

개념 원리에 집중한다

언젠가 부모 대상의 수학 교육 강연에서 '='의 이름을 물었더니 한 엄마가 자신 있게 '니꼬르'라고 답했다. 초등학교 1학년 아이들에게 '='의 이름을 물으면 뭐라고 대답할까? 한번은 1학년 수학 시간에 아이들에게 이 질문을 했더니 대다수 아이가 '는'이라고 이야기했다. 그때 갑자기 한 여자아이가 "저게 왜 '는'이야?"라고 말했다. 모처럼 '='의 이름을 정확히 알고 있는 아이가 있나 싶어 기쁜 마음에 물었더니, 그 아이가 "'은'이요"라며 천연덕스럽게 말하는 것이 아닌가. 어른이나 아이나 오십보백보이다.

　1학년 수학 시험에 '6-2=□+1'과 같은 문제를 내면 절반 이상의 아이가 틀린다. 대다수가 '4'라고 답을 적는다. 아주 쉬운 연산 문제인데 왜 그런 것일까? 아이들이 수학 기호인 '='의 개념을 잘 모르기 때문이다. 사실 개념은 고사하고 이름조차 제대로 아는 아이가 거의 없다. '='는 엄연히 '등호'라는 이름이 있고, 이것의 정확한 의미는 '왼쪽(좌변)과 오른쪽(우변)이 같을 때 사용하는 수학적 기호'이다. 하루에도 수십 번씩 등호가 들어간 수학식을 보고 문제를 푸는데도 개념을 잘 모르는 건 수학을 암기 과목처럼 맹목적으로 공부해서이다. 이렇게 해서는 아무리 공부해도 재미가 없고 점수도 잘 나오지 않는다.

수학을 잘하려면 무엇보다 개념 원리에 초점을 맞춘 공부를 해야 한다. 어떤 방법으로 공부를 하면 될까?

▌가르치는 사람이 개념 원리를 제대로 알아야 한다

아이에게 수학을 가르치는 사람인 교사나 부모가 수학의 개념 원리를 제대로 알고 있어야 한다. 만약 교사나 부모가 개념 원리를 잘 모른다면 아이는 수박 겉핥기식으로 공부할 수밖에 없다. 그리고 직접 가르치지 않더라도 개념 원리는 알고 있어야 한다. 그래야 아이가 올바른 방법으로 공부하고 있는지 분별할 수 있기 때문이다.

수학 교과서를 반복해서 읽고 풀어본다

개념 원리에 충실한 공부를 할 수 있는 가장 현실적인 방법은 수학 교과서를 반복해서 읽고 풀어보는 것이다. 요즘 수학 교과서는 예전에 비해 훨씬 개념 원리에 충실하게 집필됐다. 그래서 동화책을 읽듯이 수학 교과서를 반복해서 읽고 문제를 풀다 보면 부지불식간에 수학의 개념 원리를 터득하게 된다. 몇몇 아이들은 교과서를 등한시하고 문제집만 열심히 풀기도 하는데 이는 상당히 어리석은 일이다. 문제집은 개념 원리에 대한 자세한 설명 없이 문제로만 구성되었기 때문에 어떤 면에서는 공부에 방해물이 될 수도 있기 때문이다. 가급적 수학 교과서는 여분으로 한 권 더 구입해 집에서도 시간이 날 때마다 읽고 풀어보게 하는 편이 좋다.

수학 동화를 적극 활용한다

수학 동화는 수학의 개념 원리를 쉽고 친근하게 접할 수 있도록 재미있는 이야기로 풀어놓은 책이다. 아이는 수학 동화를 읽음으로써 수학의 개념 원리를 보다 효과적으로 이해할 수 있다.

[1학년 아이들을 위한 수학 동화]

도서명	저자	출판사
『성형외과에 간 삼각형』	마릴린 번즈	보물창고
『덧셈놀이』	로렌 리디	미래아이
『뺄셈놀이』	로렌 리디	미래아이
『1학년 스토리텔링 수학 동화』	우리기획	예림당
『떡장수 할머니와 호랑이는 구구단을 몰라』	이안	뭉치

연산 훈련을 시작한다

많은 부모가 수학에서 연산을 가벼이 여기는 경향이 있다. 하지만 초등 저학년에서만큼은 그렇지 않다.

    1학년 - 11개 단원 중 7개 단원
    2학년 - 12개 단원 중 6개 단원
    3학년 - 12개 단원 중 7개 단원

초등학교 1학년에서 3학년 수학 중 연산이 차지하는 단원의 비중이다. 초등학교 수학은 수와 연산, 도형, 측정, 규칙성, 확률과 통계의

5가지 영역으로 이뤄져 있다. 하지만 초등학교에서 주로 다루는 건 수 연산, 도형, 측정의 3가지 영역이다. 그중에서도 저학년은 수와 연산 영역이 절반 이상을 차지한다. 도형과 측정 부분에서 나오는 연산까지 포함하면 연산이 수학의 70퍼센트 이상을 차지한다고 해도 과언은 아니다. 이런 이유 때문에 '연산을 잘하면 수학을 잘한다'는 말이 일정 부분은 맞는 이야기인 것이다.

대부분의 부모가 연산을 등한시하는 이유 중 하나는 연산이 추후 아이의 수학 실력에 얼마나 큰 영향을 끼치는지 잘 모르기 때문이다. 초등 저학년 때까지의 연산은 그 자체만으로도 중요하다. 하지만 고학년으로 갈수록 연산은 그 자체로 중요하다기보다는 수단으로서의 가치가 더 크다. 대개 수학 문제 풀이를 위한 도구로 사용된다. 그렇기 때문에 저학년 때 연산 훈련을 어떻게 했느냐에 따라 고학년 때 수학 실력에서 엄청난 차이가 난다. 가장 눈에 띄는 차이는 수학에 대한 자신감이다. 연산이 빠르고 정확한 아이들은 대부분 수학에 대한 자신감을 쉽게 가진다. 그뿐만 아니라 수학 시험 시간에 굉장히 여유가 있다. 하지만 연산에 자신이 없는 아이들은 수학 시험 시간에 항상 시간 부족을 호소한다. 시간이 부족해서 심리적으로 쫓기다가 아는 문제도 자주 틀린다. 연산이 중요하다고 해서 함부로 시작할 일은 아니다. 다음과 같이 몇 가지 원칙을 지켜야 좋은 효과를 볼 수 있다.

연산 훈련을 너무 일찍 시작하지 않는다

어떤 부모들은 초등학교 입학 전부터 아이에게 연산 훈련을 시킨다. 하지만 이는 굉장히 위험 부담이 크다. 연산 훈련은 반드시 개념 원리를 완벽하게 이해한 다음 시작해야 탈이 없고 의미가 있다. 입학 전에 아이가 연산 훈련을 열심히 해서 덧셈과 뺄셈을 빠르게 한다고 가정해보자. 사실 별로 유익이 없다. 오히려 수학 수업 시간에 방해꾼이 될 확률만 높아진다. 1학년 1학기 때는 '2+3'과 같은 연산을 배운다. 교사는 이 내용을 가지고 한 시간 동안 아이들과 씨름해야 한다. 그런데 이미 연산 훈련을 한 아이는 '5'라고 재빨리 답한 다음, 너무 쉽다고 하면서 교사의 설명은 들으려고도 하지 않는다.

연산 훈련을 일찍 시킬 열정이 있다면 차라리 그 시간에 아이와 수학 놀이를 하거나 수학 동화를 한 권이라도 더 읽히는 편이 낫다. 연산 훈련은 입학한 후에 서서히 시작해도 늦지 않다. 1학년 여름방학이나 1학년 2학기부터 시작하면 좋다. 1학기 때 덧셈과 뺄셈의 개념 원리를 배웠기 때문에 이를 바탕으로 충분한 훈련이 필요하다. 이때부터 시작해도 결코 늦지 않다.

속도보다는 정확도를 먼저 따진다

연산 훈련을 시작했다면 '속도'보다는 '정확도'를 중시해야 한다. 아이들은 이상할 정도로 속도에 집착한다. 누가 빨리하라고 독촉하는 것도 아닌데 기를 쓰고 빨리하려고 한다. 하지만 아무리 빨리 풀어도 결과가 틀리다면 별로 의미가 없다. 빨리 푸는 것에 집중한 나머지 자꾸 몇 개씩 틀리다 보면 아이는 본능적으로 자신의 계산 결과를 신뢰하지 못하게 된다. 자신의 계산 결과에 대한 신뢰 여부는 수학 공부를 하는 데 있어 굉장히 중요한 문제이다. 속도만 강조하는 연산 훈련은 자칫하면 실수를 자주 하는 아이로 만들기 쉬우므로 처음부터 속도보다 정확도를 우선시하는 부모의 태도가 중요하다.

● 한 번에 많은 양을 시키지 않는다

'매일 조금씩'은 연산 훈련의 가장 주요한 원칙이라 할 수 있다. 하루에 연산 훈련 교재를 한두 장 정도 풀면 적당하다. 시중에 나와 있는 연산 훈련 교재는 한 장 푸는 데 약 5분이 걸린다. '이 정도 가지고 될까?' 싶지만 충분하다. 연산 훈련 시간이 너무 짧은 나머지 아이가 아쉽다는 생각이 들어 한 장 더 풀면 안 되냐고 묻는 정도가 가장 바람직하다고 할 수 있다. 그리고 적은 양을 집중해서 풀어야 하기 때문에 타이밍도 중요하다. 연산 훈련은 본격적인 수학 공부 직전에 하면 좋다. 수학 공부를 하기 전 5분 동안 연산 훈련을 하면 아이의 집중력이 좋아져 본 공부를 더욱 효율적으로 할 수 있다는 연구 결과가 많이 발표되어 있다.

● 오답이 많이 나오는 부분은 집중적으로 연습시킨다

연산 훈련 중 유독 오답이 많이 나오는 부분이 있다면 집중적으로 연습을 시켜야 한다. 원리를 잘 모르거나 문제 풀이 알고리즘이 제대로 형성되어 있지 않으면 오답이 많이 나온다. 우선 문제점을 보완한 후, 그다음 교재로 넘어가기 전에 같은 교재를 한 권 더 마련해 오답이 많이 나오는 부분을 다시 한번 풀어보게 하면 좋다.

● 연산 훈련이 효과적인 아이는 따로 있다

연산 훈련이 수학 실력 향상에 기여하는 바가 크기는 하지만 잘 맞는 아이가 있는가 하면 잘 맞지 않는 아이도 있다. 연산 훈련은 반복적인 것을 좋아하는 아이들에게 효과가 있다. 연산 훈련의 가장 큰 특징은 반복 숙달이다. 어제나 오늘이나 문제는 숫자만 바뀌고 똑같다. 이렇게 같은 내용을 매일 반복하는 것은 반복을 싫어하는 아이들에게는 여간 고역이 아니다. 자녀가 반복을 싫어한다면 훈련을 통한 연산 능력 향상은 재고해봐야 한다. 그리고 연산 훈련은 경쟁심이 강한 아이들에게 효과가 크다. 연산 훈련은 계산을 정확하고 빠르게 하는 것을 목적으로 하기 때문에 승부 근성이 강한 아이들의 향상 속도가 더 빠른 편이다.

● 연산 훈련에 주산을 활용한다

주산은 연산 능력을 향상시키는 데 큰 도움이 된다. 그뿐만 아니라 듣기 능력과 집중력을 강화시키는 데도 좋다. 하지만 주산은 2년 이상 꾸준히 해야 제대로 효과를 볼 수 있기 때문에 장기적으로 보면서 시도를 해야 한다.

이 외에도 자녀의 수학 공부에 대해 조금 더 많은 정보를 얻고 싶다면 『초등 1학년, 수학을 잡아야 공부가 잡힌다』를 한번 읽어보길 권한다. 초등 1학년 수학 공부의 중요성, 원칙, 방법 등이 상세하게 소개되어 있다.

3장

통합

01

학습 내용

[1학년 통합 시간에 배우는 내용]

학기	단원 (교과서)	활동 주제
1학기	학교	· 학교생활 습관과 학습 습관 형성하기 · 즐겁게 놀이하며 건강하고 안전하게 생활하기 · 학교 안팎의 모습과 생활 탐색하기
	사람들	· 가족이나 주변 사람들 배려하며 관계 맺기 · 가족이나 주변 사람과 소통하며 어울리기 · 가족이나 주변 사람에게 관심 갖고 함께 살아가는 모습 탐색하기
	우리나라	· 우리나라의 소중함을 알고 사랑하는 마음 기르기 · 우리나라의 모습이나 문화 조사하기 · 우리나라의 문화 예술 즐기기

1학기	탐험	• 새로운 활동에 호기심을 갖고 도전하기 • 궁금한 세계를 다양한 매체로 탐색하기 • 다양한 세상을 상상하고 표현하기
2학기	하루	• 하루의 가치를 느끼며 지금을 소중히 여기기 • 사람들이 하루를 살아가는 모습 탐색하기 • 하루를 건강하고 활기차게 지내기
	약속	• 공동체 속에서 지속 가능성을 위한 삶의 방식 찾아 실천하기 • 지속 가능성의 다양한 사례 찾고 탐색하기 • 안전과 안녕을 위한 아동의 권리 알고 누리기
	상상	• 다양한 생각이나 의견에 대해 개방적인 태도 형성하기 • 상상한 것을 다양한 매체와 재료로 구현하기 • 자유롭게 상상하며 놀이하기
	이야기	• 여럿이 하는 활동에 관심을 갖고 자발적으로 협력하기 • 관심 있는 주제를 정하고 조사하기 • 생각이나 느낌을 살려 전시나 공연 활동하기

현장 체험 학습

주말이나 공휴일에 박물관 및 유적지에 가면 자주 볼 수 있는 풍경이 있다. 지도 교사가 여러 명의 초등학생을 데리고 이곳저곳을 관람하면서 자세히 설명을 해주는 모습이다. 아이들은 대부분 같은 또래이며, 손에는 어김없이 현장 학습과 관련된 자료나 보고서가 들려 있다. 다양한 경험을 시켜주고 싶지만 시간이 없거나 혹은 더 깊이 있고 체계적인 학습을 위해 부모가 자녀를 현장 체험 학습 프로그램에 참가시킨 경우다.

이처럼 최근에 초등학생을 대상으로 한 현장 체험 학습이 활발해진 이유는 사회 과목을 재미있게 잘할 수 있는 최고의 방법이 직접 체험이란 걸 부모들이 많이 공감하기 때문이다. '백문불여일견百聞不如一見(백 번 듣는 것이 한 번 보는 것보다 못하다)'의 실천이 바로 현장 체험 학습이다. 현장 체험 학습이란 사회 현상이 구체적으로 나타난 현장을 찾아가 견학하고, 관찰하며, 조사하는 등의 활동을 수행하는 학습 방법이다. 초등학교 1, 2학년 통합 교과의 내용은 체험 활동 위주로 꾸려져 있다. 그렇기 때문에 시간이 날 때마다 아이와 함께 다양한 현장 체험을 하면 통합 공부에 매우 큰 도움이 된다. 부모가 관심을 조금만 기울이면 아이에게 다양한 현장 체험 활동의 기회를 제공해줄 수 있다.

자세히 관찰하는 습관

1학년 아이들과 함께 낙엽 그리기를 한 적이 있다. 최대한 자세히 그려야 한다고 강조했는데도 한 아이가 5분도 되지 않아 다 했다고 하는 것이었다. 어떻게 했는지 가봤더니 나뭇잎 형태만 대충 그려놓고 색깔도 대충 칠해놓은 상태였다. 하지만 짝꿍은 완전히 반대였다. 나뭇잎을 형태뿐만 아니라 잎맥까지 세세하게 그리고 있었다. 관찰력의 차이가 이런 결과로 나타난 것이다.

아이들이 통합을 공부할 때 가장 많이 필요한 능력이 바로 '관찰력'이다. 새싹 관찰하기, 나뭇잎 관찰하기, 사계절 날씨 살펴보기 등과 같은 내용을 공부하려면 관찰력이 필수이다. 그뿐만 아니라 친구에게 관심 가지기, 이웃 살펴보기, 전통문화 살펴보기 등 사회와 관련 있는 내용도 관찰력이 바탕이 돼야 제대로 공부할 수 있다.

관찰력은 자라면서 자연스럽게 좋아지기도 하지만 얼마나 의식적으로 훈련하느냐에 따라 차이가 많이 난다. 교사가 머리 모양을 살짝만 바꿔도, 교실의 게시물이 하나만 바뀌어도 어떤 아이들은 단박에 알아채고 변화를 감지한다. 친구의 표정 변화를 잘 살필 줄 아는 아이들도 있다. 관찰력이 뛰어난 아이들이다. 하지만 어떤 아이들은 아무리 환경이 바뀌어도 그 변화를 전혀 알아채지 못한다. 무심하다고도 할 수 있지만 기본적으로 관찰력이 부족한 것이다. 관찰력이 뛰어난 아이는 그렇지 않은 아이보다 학업 성취도가 높을 뿐만 아니라 친구 관계도 원만하다.

아이의 관찰력을 길러주기 위해서는 가정에서 부모의 태도가 중요하다. 평소 작은 변화라도 알아차리는 것에 대한 중요성을 심어줄 필요가 있다. 작게는 가족의 모습부터 시작해서 자연이나 사회 현상의 변화에 대해 자주 대화를 나눠야 한다. 그러다 보면 관찰력이 자연스럽게 좋아질 수 있다. 그리고 식물이나 물고기를 키우는 것도 관찰력 향상을 기대할 수 있는 좋은 활동이다.

교과와 관련된 책읽기

1학년 통합 수업에서 동물 관련 내용을 다루는데 그날따라 한 남자아이가 유독 돋보였다. 시키지 않았는데도 발표를 하고 수업에 아주 적극적이었다. 평소 수업 시간에는 굉장히 산만했던 아이가 갑자기 달라진 것이다. 알고 보니 이 아이는 동물에 굉장히 관심이 많았다. 그래서 이미 집에서 동물과 관련된 책을 많이 읽은 상태였고, 동물도감만 5권이 넘는다고 자랑을 했다.

이처럼 수업 시간에 적극적으로 참여하는 아이들은 대부분 수업 내용과 관련된 배경지식이 풍부하다. 배경지식은 통합을 공부할 때 특히 중요하다. 수업 내용과 관련된 책을 얼마나 읽었느냐에 따라 수업의 집중도와 적극성이 좌우되기 때문이다. 공룡과 관련된 책을 많이 읽은 아이는 수업 중에 공룡 이야기만 나오면 말을 하고 싶어서 안달이 나고, 역사와 관련된 책을 많이 읽은 아이는 역사 이야기만 나오면 아는 척을 하고 싶어서 난리가 난다. 실제로 이런 아이들의 배경지식은 생각보다 깊을 때가 많다. 때로는 해당 주제와 관련해 교사보다 더 많이 알고 있는 경우도 비일비재하다.

교과 관련 책을 많이 읽으면 수업 시간에 집중력이 좋아질 뿐만 아니라 교사와 친구들로부터 인정을 받는다. 아이들은 자신이 알지 못하는 분야의 이야기를 척척 대답하는 친구를 굉장히 존경스러운 눈으로 쳐다본다. 그리고 이런 일이 수차례 반복되면 아이들은 특정 분야에 대한 질문이 나올 때마다 "○○한테 물어봐"라고 이야기한다. 이런 과정을 거치면서 아이의 자신감이 쑥쑥 자라나는 것이다.

교과와 관련된 책읽기를 너무 어렵게 생각할 필요는 없다. 통합 교과서를 쭉 훑어본 다음에 주제와 관련된 책을 찾아서 읽으면 된다. 예를 들어 '탐험'을 주제로 한 교과서를 배운다면 그 전에 관련된 책을 읽으면 된다. 통합 교과서 맨 뒷장에 '수록 자료 목록과 출처'가 실려 있으므로 이를 참고하면 도움이 된다.